JANOSCH

Tiger und Bär auf großer Tour

BELTZ
& Gelberg

Janosch wurde 1931 in dem oberschlesischen Dorf Zaborze geboren. Von 1944 bis 1953 arbeitete er als Schmied in einer Schlosserei und als Textilmusterzeichner in Fabriken, lernte das Malen und nahm ein Studium an der Münchner Akademie der Bildenden Künste auf, musste aber in der Probezeit abbrechen. Seither lebt er als freier Künstler, ist Maler, Reimefinder, Autor von Kinder-, Bilderbüchern und Romanen, Erfinder von Geschichten und Figuren – und stolzer Vater von Tiger und Bär. Für sein Buch *Oh, wie schön ist Panama* erhielt er den Deutschen Jugendliteraturpreis. Janosch lebt auf einer einsamen Insel zwischen Meer und Sonne (pssst: Teneriffa, nicht verraten!), wo er am liebsten in seiner Hängematte döst.

www.beltz.de

Mit freundlicher Genehmigung
der Janosch film & medien AG, Berlin
Der kleine Tiger braucht ein Fahrrad © 2004 Beltz & Gelberg
Erstmals erschienen 1992 im Diogenes Verlag
Tiger und Bär im Straßenverkehr © 2004 Beltz & Gelberg
Erstmals erschienen 1990 im Diogenes Verlag
Neue Rechtschreibung
Umschlaggestaltung: Anna Ryffel unter Verwendung
der Illustrationen von Janosch
Gesamtherstellung: Druck Partner Rübelmann GmbH, Hemsbach
Printed in Germany
ISBN: 978-3-407-79387-4
1 2 3 4 5 11 10 09 08

Der kleine Tiger braucht ein Fahrrad

Die Geschichte,
wie der kleine Tiger
Rad fahren lernt

Einmal sagte der kleine Tiger zum kleinen Bären: »Soll ich dir mal etwas sagen? ICH BRAUCHE DRINGEND EIN FAHRRAD.«
»Wozu brauchst du dringend ein Fahrrad?«, fragte der kleine Bär, legte den Kochlöffel aus der Pfote, holte eine Zwiebel von oben und warf sie in den Suppentopf. Gemüse mit Bohnen.

»Erstens muss ich akrobatisch durch die Gegend kurven«, rief der kleine Tiger. »Zweitens muss ich in die Ferne schweifen und fremde Völker und Sitten erforschen. Und drittens muss ich meine Braut besuchen. Maja Papaya.«

Da rief der kleine Bär:

»Kommt nicht in die Tüte, Radfahren ist viel zu gefährlich. Du bist doch ein Tausendsassa. Du würdest durch die Straßen rasen wie eine wilde Spaghettinudel – und dann rrrr – kommt ein Auto von hinten, du schaust dich nicht um, und schon bist du tot. Abgelehnt, mein lieber Tiger, abgelehnt. Kein Fahrrad und basta aus.«

Ab sofort hatte der kleine Tiger keine Lust mehr zu essen und am liebsten hatte er auch keine Lust mehr zu leben.

Da ging der kleine Bär zum großen dicken Waldbär in seine alte Bude und sagte:

»Der kleine Tiger will ein Fahrrad. Ich sage, das kommt nicht in die Tüte, denn das ist viel zu gefährlich. Und was sagst du?«

»Und ich sage: Es kommt in die Tüte«, brummte der große dicke Waldbär, »weil ein Tiger braucht dringend ein Fahrrad. Er muss erstens akrobatisch durch die Gegend kurven. Zweitens muss er fremde Völker und Sitten erforschen. Und vielleicht hat er auch eine Braut. Die muss er besuchen. Und wenn er nicht vorsichtig fährt – Fahrrad weggeschlossen, Sense, aus. So geht das.«

Also legten sie ihr Geld zusammen: der kleine Bär sein Geld, der große dicke Waldbär und die gute Tante Gans ihr Geld, und fuhren mit dem Boot in die Stadt, um ein Fahrrad zu kaufen.

EIN FAHRRAD FÜR DEN KLEINEN TIGER.

Der Fahrradhändler sagte: »Da empfehle ich Ihnen ein TIGER-BIKEL. Ein Tiger-Bikel ist genau richtig für einen kleinen Tiger und ist die totale Sause. Es fährt nämlich prima leicht, sogar mein Vetter Wolf hat ein Tiger-Bikel und fährt damit prima leicht. Welcher von den Herrschaften ist denn der kleine Tiger?«

»Er ist nicht anwesend«, sagte der kleine Bär, »er ist noch zu Haus, denn das soll ein Geschenk sein. Kann ihm auch nichts passieren? Er ist ja so ein wilder Hund und tobt herum wie eine tolle Hummel.«

»Aber nein, denn wenn er vorsichtig fährt, dann geht es. Nur muss er IMMER VORSICHTIG FAHREN. Kann er das wohl begreifen, oder ist er dumm?«

»Ja«, sagte der kleine Bär, »er ist jeden Tag immer wieder ein wenig dumm. Doch dann ist er manchmal wieder nicht so dumm ... Ach, zeigen Sie uns doch einmal so ein Tiger-Bikel, Herr Verkäufer!«

Da zeigte ihnen der Fahrradverkäufer ein picobello Fahrrad, Marke Tiger-Bikel. »Ausgestattet mit allem Drum und Dran. Da fehlt aber nix, was die Polizei verlangt. Beleuchtung, Seitenstrahler, Rückleuchte und alles, was das Herz des Polizisten erfreut, im Preis inbegriffen ...«

»Hat es denn auch erstklassige, gute, zuverlässige Bremsen«, brummte der große dicke Waldbär. »Und zwar vorne und hinten? Und hinten mit Rücktritt? Weil wenn ein dummer Hase über die Straße rennt ...«

»Aber klar das, selbstverständlich logisch, ja«, rief der Verkäufer.
Da kauften sie das wunderbare Tiger-Bikel mitsamt einem Tiger-Bikel-Fahrradhelm und fuhren mit dem Boot zurück nach Haus.

»Mir gefällt am Fahrrad am besten die Glocke«, sagte der kleine Bär.
»Ich würde für mein Boot auch gern eine Glocke brauchen. Ich könnte damit meinen Gesang begleiten oder auch ein Konzert veranstalten. Klingel doch mal, Tante Gans!«
Die Tante Gans klingelte ein Lied und der kleine Bär brummte dazu den Gesang.

Ach, was für ein schöner Tag, ihr Leute,
was für ein wunderbar schöner Tag.

Sofort hatte der kleine Tiger wieder Lust zu leben und schwang sich in den Sattel.
HELM AUFSETZEN NICHT VERGESSEN – TIGER!!

Sechsmal fiel der Tiger um. Sechsmal Kopf und Kragen nicht gebrochen, weil er den Helm aufhatte.

»NIE VERGESSEN, DEN HELM AUFZUSETZEN, TIGER!! Kannst du dir das merken?«

Klar kann er sich das merken, ein Tiger ist doch nicht immer dumm.

Dann aber fiel er nicht mehr um.
Konnte geradeaus fahren wie ein Meister.
Er lernte auch das Kurvenfahren und das Bremsen.
Er fuhr hundertmal rund um das Haus,
hundertmal den Weg hinauf und hinunter.
Und dann legte die Tante Gans eine Haarnadel auf die Erde und rief:

»Hier, Tiger! Auf den Millimeter haarnadelgenau kurz davor bremsen! Kannst du das?«
Und ob er das konnte: krrrschschkrrt. Zack! Stand – mit dem Vorderrad – haarnadelscharfgenau – vor der Haarnadel.
»Das ist wahre Kunst«, nickte der große dicke Waldbär, »echte, wahre, große Radfahrkunst ... fürwahr das.«

Als der kleine Tiger wie ein Meister fahren konnte, rief er: »Nun aber muss ich einen Ausflug machen und meine Braut besuchen, denn die Sehnsucht zerreißt mir das Herz.«
Seine Braut Maja Papaya mit dem blauen Zopf wohnte nämlich hinter dem Wald. Tochter des Oberförsters Pribamm. Auf dem Feldweg überholte der kleine Tiger Hans Hühnerdieb auf seiner alten Mühle mit einem Sack voll geraubter Hühner. Doch er ließ ihn heute noch einmal ungeschoren, er hatte jetzt keine Zeit für Ordnung und Gerechtigkeit.
»Warten Sie nur, das nächste Mal, Sie elender Halunke, werde ich Sie verfolgen.«

Maja Papaya mit dem blauen Zopf
aber schlief dort im Gras und der
Oberförster sägte hinter dem Haus
Holz für seinen Ofen.

»Was hast du denn da für ein picobello Fahrrad, Tiger? Das ist doch wohl kein echtes Tiger-Bikel?«, rief Maja Papaya mit dem blauen Zopf, »darf ich dich schnell ein wenig küssen?«
»Echtes Tiger-Bikel«, sagte der kleine Tiger, und die Liebe ging ihm auf die Knie.
Total weich.
»Und hier einen Tiger-Helm – irre, was? Passt haarnadelgenau zusammen.«

Und als der Oberförster sagte:
»Kannst du denn bremsen und Slalom fahren?«, und ein Streichholz auf die Erde legte, bremste der kleine Tiger – in voller Fahrt – n-krrrsch-zack streichholzhaarnadelscharfgenau vor dem Streichholz.
»Morgen Punkt Schlag acht hier vor dem Haus«, sagte der Oberförster, »dann fahren wir zusammen in die Stadt, und ich zeige euch, wie man dort richtig Fahrrad fährt.«

Punkt Schlag acht stand der kleine Tiger
vor dem Forsthaus und sie fuhren in die Stadt.

Vorne Maja Papaya, dann der kleine Tiger,
hinten der Oberförster.

»Immer auf dem Fahrradweg fahren, wenn es einen gibt. Und immer einer hinter dem anderen, geradeaus wie auf einer Linie, und nicht in Schlangenlinien. Denn wenn einer von hinten angerast kommt, euch überholen will und NICHT KLINGELT – dann gibt es –«

– und just genau da näherte sich schon von hinten mit einem Affentempo das Hündchen Bonzo Schmidtchen. Hat nicht geklingelt, und weil der kleine Tiger genau da nach hinten schauen wollte und einen kleinen Schlenker machte, gab es –

– eine Karambolage.
Lenker verdreht, eine Speiche verbogen und zwei Beulen auf dem Kopf des Hündchens Bonzo Schmidtchen. Weil er keinen Helm trug.
»Tut mir Leid, Jungs und Mädels, war in Gedanken, bin auf dem Weg ins Café *Süßes Bienchen,* Hundekuchen mit Sahne schlabbern und heiße Mädels verehren. Aber wo fahrt ihr denn so hin? Kommt doch mit, ich lade euch ein! Wir machen eine akut wilde Sause los.«
Nun denn, der Oberförster bog den Lenker gerade, Bonzo Schmidtchen leistete den Hundeschwur:
»Nie wieder ohne Helm fahren, nie wieder überholen, ohne zu klingeln – und immer Vorsicht!«
– Aber wie lange hält wohl so ein Hundeschwur, pff!

Nun fuhr Bonzo Schmidtchen voraus, die anderen hinter ihm her, und als sie an eine Kreuzung ohne Ampel kamen – mit einem Verkehrsschild VORFAHRT BEACHTEN, wo sie hätten anhalten müssen –, hielt Bonzo Schmidtchen *nicht* an. Er fuhr dumm wie ein Hase drauflos, schaute nicht nach rechts oder links.

Überquerte die Straße – rrsch – ein Auto musste scharf bremsen, ein anderes fuhr auf, und Bonzo Schmidtchen fiel vom Fahrrad.
Die Autos standen kreuz und quer, Riesenstau, Riesenkrawall – fast kam die Polizei –, aber Bonzo kam noch einmal davon, nur eine Beule mehr auf dem Kopf und die Pfote verstaucht.

»Wer eine Straße *ohne* Ampel überqueren muss«, sagte Herr Pribamm, »immer vor dem Vorfahrtsschild anhalten. Nach links und rechts schauen. Und erst, wenn man ganz sicher weiß, dass kein Auto kommt, hinüberfahren.«

»Kann ich mir merken«, sagte der kleine Tiger.

Und dann kamen sie an eine Kreuzung *mit* Ampel. Sie zeigte Rot für die Radfahrer, doch weil gerade kein Auto kam, rannte Bonzo schon wieder los. Hätte ihn Maja Papaya nicht am Gepäckträger festgehalten – denn genau da kam ein Auto mit einem Affenzahn, es hatte nämlich Grün –, wäre Bonzo schon tot.

»Wenn die Ampel Rot zeigt«, sagte Herr Pribamm, »niemals über die Straße gehen oder fahren. NIEMALS!«

»So dumm wie der Bonzo«, sagte der kleine Tiger, »möchte ich auch niemals sein. Das wäre lebensgefährlich, nicht wahr?«

Dann aber wurde das Fahren schwierig.
Es gab keinen Radweg mehr, sie mussten die ganze Strecke auf der Straße neben den Autos fahren und Oberförster Pribamm fuhr hinter ihnen her. Ganz rechts neben den Autos, dicht am Gehweg bis zu der nächsten Kreuzung.
Dort mussten sie auf die andere Straßenseite.
»Anhalten und warten, bis für uns Grün ist«, sagte Pribamm. »Dann an der Fußgängerampel bei den Fußgängern wieder warten, bis sie Grün haben, und dann das Fahrrad über die Straße schieben.«
So wurde es gemacht.
Von da mussten sie hinter der Kreuzung in die Straße hineinfahren und dann die zweite Straße rechts hinein, dort ist das Café *Süßes Bienchen*.

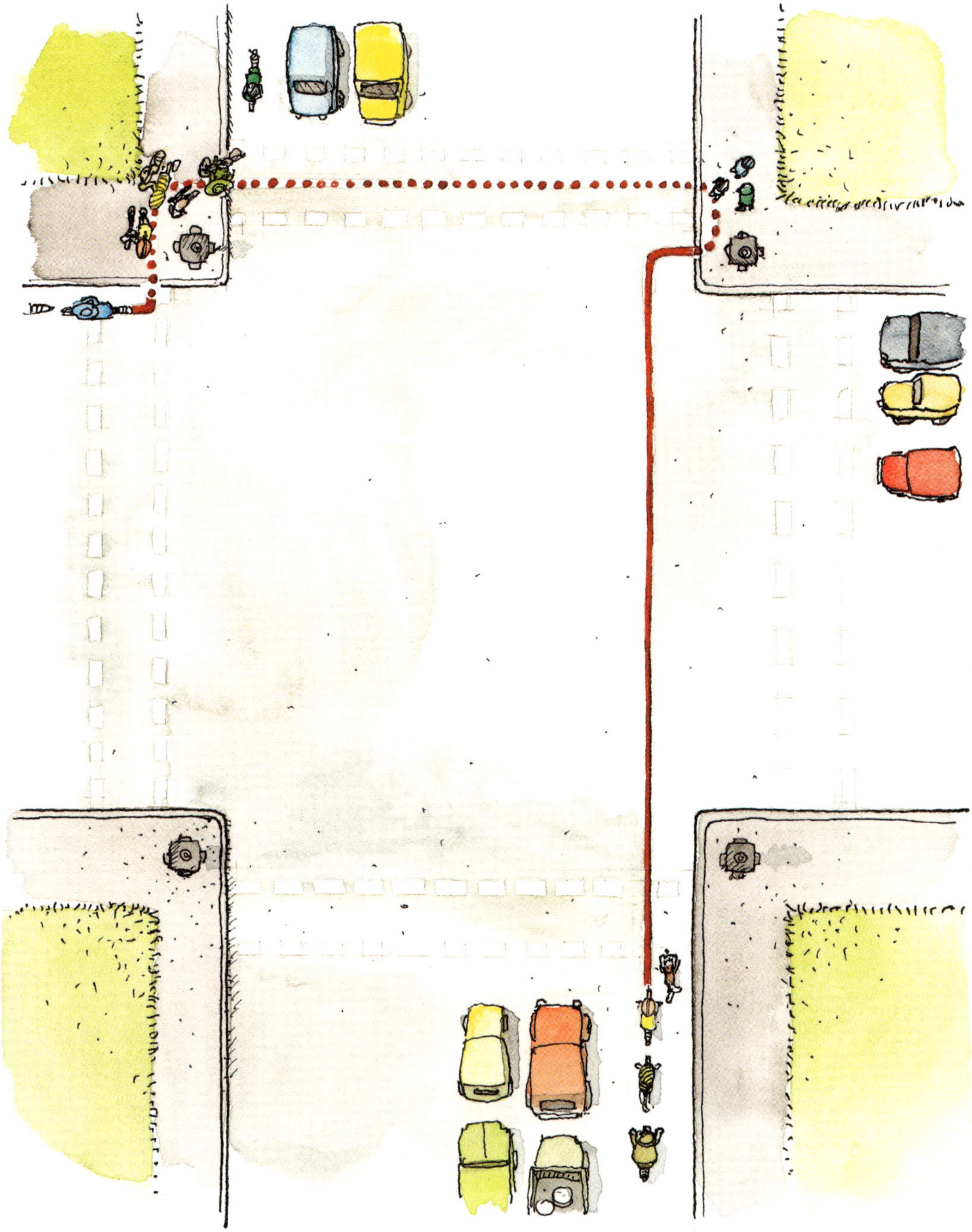

Herr Pribamm! Sie wissen wohl nicht, dass die Erwachsenen immer HINTER den Kleinen herfahren sollen, damit sie sehen können, ob die auch richtig fahren?
»Oh, Verzeihung. Ich vergaß es, dachte an den Wald und die Hasen.«
Und du, kleiner Blumenhund auf der Straße – geh weg von der Fahrbahn! Keiner darf mitten auf der Straße stehen bleiben. Auch kein Blumenhund, verstanden?

Nur leider war diese Straße eine Einbahnstraße. Von dort her, wo sie standen, war es verboten, hineinzufahren. Also hielten sie an der Straßenecke an, stiegen ab und schoben die Fahrräder auf dem Gehweg bis zum Café *Süßes Bienchen*.

Das Café *Süßes Bienchen* war knüppeldickevoll besetzt, beinahe fanden sie keinen Tisch. Bonzo Schmidtchen bestellte sofort drei Hundekuchen mit doppelt Sahne und Erdbeeren. Der kleine Tiger bestellte eine Bananenmilch mit doppelt Mandelsplittern. Maja Papaya eine Erdbeertorte ohne und der Oberförster Pribamm Schinkenbrot mit doppelt Gewürzgürkchen.

Und als Bonzo Schmidtchen seinen Hundekuchen aufgeschlabbert hatte, ging er die Mädchen verehren. Nach Art der Hündchen.
O je. Doch als er bezahlen sollte, hatte er sein Geld vergessen. Es steckte im Geldbeutel in der Hose: »Und die Hose vergaß ich anzuziehen. Tut mir Leid ...«
Er machte sich schnell aus dem Staub –

– raste auf dem Bürgersteig ganz dicht an den Häusern entlang und Krrch zackbrammm – hatte er einen Mann, der aus der Haustür kam, umgefahren.
Wir wollen nicht wissen, was weiter geschah, denn Bonzo Schmidtchen ist uns zu dumm.
Man rast nicht auf dem Gehweg ganz dicht an den Häusern vorbei.

Kinder müssen wohl auf dem Bürgersteig fahren (wenn sie noch keine acht Jahre alt sind), aber dann so weit weg von den Häuserwänden, dass jederzeit jemand bequem aus der Haustür kommen könnte.
Und IMMER haben die Fußgänger auf dem Bürgersteig Vorfahrt.
NIEMALS rasen oder alte Leute erschrecken.

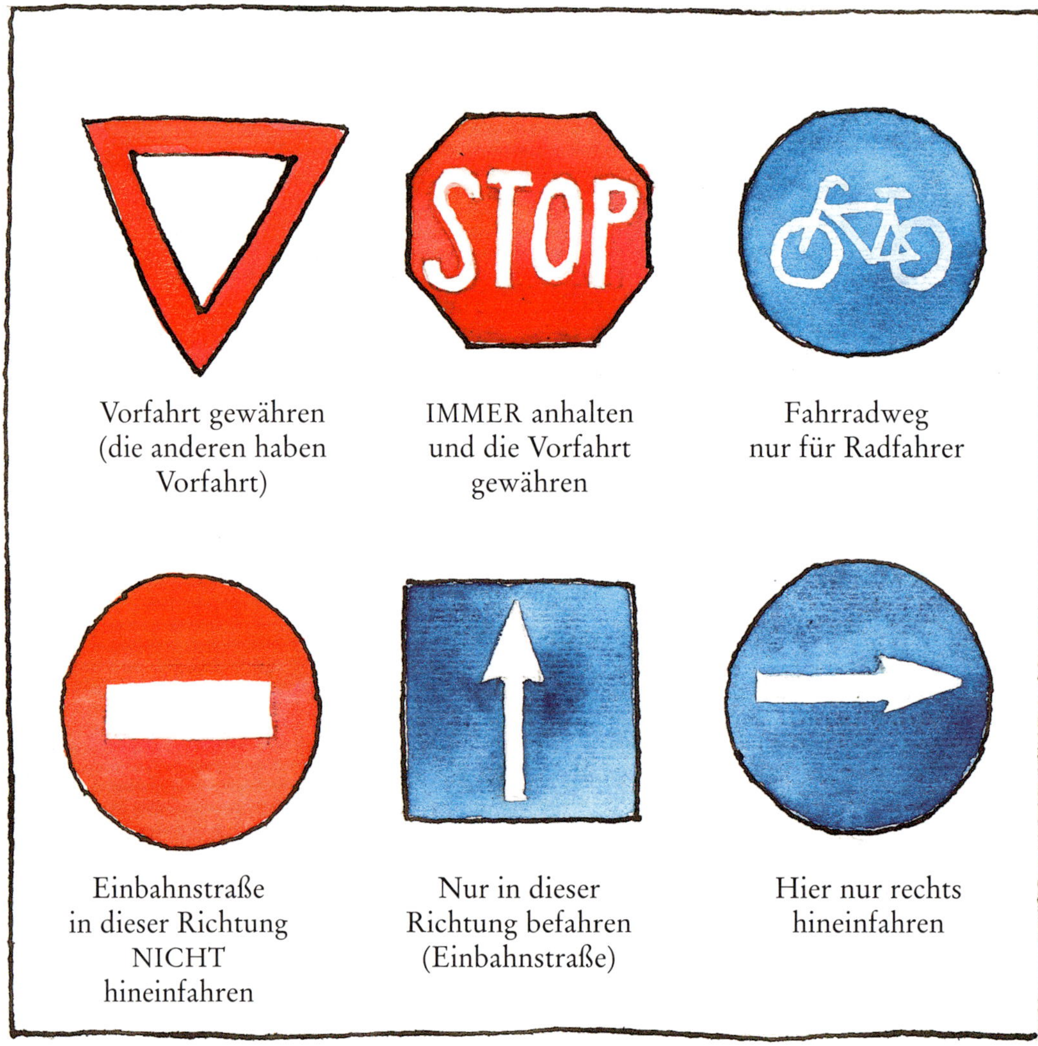

Der Oberförster Pribamm hatte zum Glück Geld dabei und konnte im Café *Süßes Bienchen* alles bezahlen.
Und weil sie noch etwas Zeit hatten, zeichnete Herr Pribamm die wichtigsten Verkehrszeichen auf ein Blatt Papier. Auswendig lernen.

Nicht so dumm sein wie Bonzo Schmidtchen.
Auf dem Rückweg konnte der kleine Tiger schon vorausfahren.
»Der Tiger«, sagte der Oberförster Pribamm, »ist ein schlauer Bursche und ein großer Radfahrmeister. Respekt und Hut ab vor solchen echten Künstlern.«

Ab jetzt konnte der kleine Tiger seine Maja Papaya so oft besuchen, wie er wollte.
Einmal fuhren sie zusammen in die Stadt, nur leider verirrten sie sich.
»Nicht schlimm«, sagte Maja Papaya, denn sie hatte immer Telefoniergeld in der Werkzeugtasche. Vater Pribamm angerufen, abgeholt.
»Und wenn du kein Geld hast«, sagte sie, »musst du dich bei einem Polizisten melden. Dann bringen sie dich nach Haus.«
Und was machte der Schlingel? Er fuhr in die Stadt und sagte zu einem Polizisten, er habe sich verirrt. Stimmte aber nicht.

Die Polizei fuhr ihn nach Haus, die Hasen wunderten sich, und der große dicke Waldbär sagte:
»Das machst du nie wieder, du kleiner Schlingel, hast du gehört?«
Na, aber ob er sich das merkt?

Einmal sagte Maja Papaya mit dem blauen Zopf: »Der Bär muss auch ein Fahrrad haben, denn ein Bär muss auch durch die Welt fahren.«
»Ach, nein«, sagte der kleine Bär, »erst einmal brauche ich eine Klingel für mein Boot, ein Fahrrad erst im nächsten Jahr.«

Also kauften sie ihm eine Klingel für sein Boot, und im nächsten Jahr bekommt er ein Fahrrad, Marke Bären-Bike. Wenn er Geburtstag hat nämlich.

Tiger und Bär im Straßenverkehr

Die Geschichte,
wie der kleine Tiger und der kleine
Bär einmal in die Stadt gingen

Mitgearbeitet bei dieser Geschichte hat Michael Heß vom Deutschen Verkehrssicherheitsrat

Einmal sagte der kleine Tiger zum kleinen Bären: »Komm, wir gehen in die Stadt, und ich zeige dir, wie man über die Straße gehen muss. Ich bin heute deine Mutter.« – »Oh, ja«, rief der kleine Bär, »da bin ich hochbegeistert.«
Er zog seine Bärentreterschuhe an, und dann stiefelten sie zum Fluss.

Dort stiegen sie in den Kahn und der kleine Tiger sagte:
»Du bist der Matrose, du musst rudern. Ich bin deine Mutter und die Mutter darf sich auch einmal ausruhen.«
Und der kleine Bär ruderte mit dem Kahn bis zur grauen Brücke.

Vor der Brücke banden sie das Boot mit einem Seil an einen Pfahl und gingen auf der Landstraße in Richtung Stadt.
Bis zur Stadt war es einen halben Kilometer weit. Vorn ging der kleine Tiger, hinten der kleine Bär.

Mit einem Mal quietschte ein Auto, kam von hinten angescheppert, musste scharf bremsen und hupte:
»Tühüüüt, tuhuuuut – Tütt.«

Sie erschraken sehr und sprangen zur Seite, beinahe überfahren oder tot.

»Schlafpinsel, Penner, Blindschleicher …!«,
rief ein Autofahrer aus seiner Schaukelkiste.
Der alte Ziegenbock mit seinem Gemüseschleicher.
Fuhr auf den Markt, hinten saß seine Frau.
Fuhr Gott sei Dank sehr langsam, zwanzig
Kilometer pro Stunde.
Er stieg aus seiner Schaukelkiste und sagte:
»Auf der Landstraße müsst ihr immer auf der
linken Seite gehen, Jungs.

WO KEIN GEHWEG IST, DA SOLLEN DIE FUSSGÄNGER IMMER LINKS GEHEN. Könnt ihr euch das merken?«

»Schon gemerkt«, sagte der kleine Bär und merkte sich das im Kopf.

»Warum?«, fragte der kleine Tiger.

»Weil die Autos RECHTS fahren. Wer links geht, sieht die Autos schon von weitem, weil sie ihm entgegenkommen, und er kann rechtzeitig ausweichen. Habt ihr das verstanden?«

Weil sie das nicht verstanden hatten, ging der gute Ziegenbock mit den beiden auf die andere Straßenseite, und schon sahen sie, dass die Autos ihnen jetzt ENTGEGEN-kamen. Und sie konnten ganz an den Straßenrand ausweichen. Der alte gute Ziegenbock fuhr weiter, und die beiden stiefelten in die Stadt.

RIESENVERKEHR VON ALLEN SEITEN

Der kleine Tiger und der kleine Bär gingen auf dem Gehweg, die Autos fuhren auf der Fahrbahn.
»Der Gehweg heißt Gehweg, weil man hier geht, er heißt aber auch Bürgersteig, weil dort die Bürger gehen sollen. Du bist ein Bürger.«
»Nein, du bist ein Bürger.«
»Ich bin ein Bär. Ein Bär ist kein Bürger.«
»Wer auf dem Bürgersteig geht, ist ein Bürger, und DU GEHST AUF DEM BÜRGERSTEIG.«
»Dann bin ich ein Bärenbürger und du bist ein Tigerbürger.«
»Jawohl«, sagte der kleine Tiger, »so ist es in Ordnung. Und jetzt zeige ich dir, wie man richtig über die Straße geht.«
Und schon quietschten die Bremsen.
Von einem Auto.
Weil es plötzlich bremsen musste.
Und den kleinen Tiger beinahe überfahren hätte.
Hätte der kleine Bär ihm nicht – in der letzten Sekunde – das Leben gerettet.
»Ich danke dir, Bär, mit meiner Pfote.«

Der kleine Tiger war nämlich vom Gehweg und vom Bordstein herunter auf die Fahrbahn getreten. Ein Auto kam angebraust und musste bremsen. Aber der Hase rannte blitzschnelleilig noch über die Straße. Schuh verloren, überfahren, Bein gebrochen, sieben Wochen Krankenhaus. Mein lieber Hase, das kommt davon: dumm über die Straße rennen.

Und da standen sie dann und wussten nicht, wie sie über die Straße gehen sollten.
Die Autos rasten von links nach rechts und von rechts nach links, keine Rettung in Sicht.

Da kam aber Herr Bibernasel, ein guter alter Mann, und sagte: »Am besten könnt ihr über die Straße gehen bei einer Ampel, Jungs.«

»Eine Ampel hat drei Lichter: Rot, Gelb und Grün. Für die Fußgänger gilt die Ampel, wo der kleine Mann auf dem Licht ist.«
»Ich bin ein Fußgänger«, rief der kleine Tiger.
»Jawohl, der Tiger ist ein Fußgänger«, brummte der kleine Bär.
»Jeder, der zu Fuß geht, ist ein Fußgänger«, sagte Herr Bibernasel. »Und jetzt müsst ihr so lange auf dem Gehweg weitergehen, bis ihr zu einer Ampel kommt. Dort müsst ihr warten, bis für die Fußgänger Grün ist, dann könnt ihr gehen.«
Bis zu einer Ampel war es nicht weit.
Sie warteten auf dem Gehweg, bis das Licht für die Fußgänger grün war, dann gingen sie über die Straße.

»Aber hier müsst ihr auch erst nach links und rechts schauen, weil manchmal Autos um die Kurve kommen und nicht aufpassen, oder sie fahren noch schnell bei Rot weiter«, sagte ein Mann, der da stand.
Das Licht für die Autos war rot, die Autos mussten warten.

Auf der anderen Seite warteten der kleine Tiger und der kleine Bär, bis noch einmal für die Fußgänger Grün war, und gingen wieder zurück. Fünf Male. Zur Übung.

»Jetzt sage ich dir alles, was wir gelernt haben«, sagte der kleine Tiger.

»Pass einmal auf: Dieses hier ist der Gehweg. Er reicht bis zum Bordstein. Der Gehweg gehört den Gehern ...«

»Gängern«, sagte der kleine Bär, »er gehört den Fuß–GÄNGERN. So heißt das.«

»Ja. Wo der Bordstein ist, hört der Gehweg auf. Wir müssen immer auf dem Gehweg bleiben, auch nicht mit EINEM Fuß plötzlich auf die Fahrbahn gehen. Wir müssen immer erst vor dem Bordstein stehen bleiben und uns umschauen.«

»VOR DEM BORDSTEIN stehen bleiben, schon verstanden«, sagte der kleine Bär. »UND ICH SCHAU MICH ERST UM.« (Denn der Bär ist nicht dumm und schaut sich erst um.)

Sie gingen zum nächsten Fußgängerübergang
und warteten, bis die Fußgängerampel
mit dem kleinen Mann wieder grün leuchtete,
und gingen über die Straße.
Dort gingen sie weiter.
Doch dann gab es lange keine Ampel mehr.

Da war wieder Herr Bibernasel:
»Und wenn keine Ampel da ist, dann könnt ihr bei einem ZEBRASTREIFEN über die Straße gehen.«
Er zeigte ihnen eine blaue Tafel mit einem Mann darauf.
»Ihr müsst VOR dem Bordstein stehen bleiben, damit die Autofahrer auch sehen können, dass ihr über die Straße gehen wollt.
Und wenn dann ALLE Autos angehalten haben, dann könnt ihr gehen.«
Das konnten sie sich gut merken.

ERST VOR DEM BORDSTEIN WARTEN,
BIS ALLE AUTOS STEHEN.
Dann gehen.
Aber vorher sich umschauen.
DER BÄR IST NICHT DUMM UND SCHAUT
SICH ERST UM.
Als sie eine Weile gegangen waren, kam der Fuchs mit dem Fahrrad vorbeigesaust. Hatte auf dem Gepäckträger seine Braut sitzen.
»Das ist verboten. Auf dem Gepäckträger darf niemand sitzen, Mister.«
Da kam ein Poliziste
und steckt ihn in die Kiste.

Als sie zu einem Zebrastreifen kamen, blieben sie vor dem Bordstein stehen und schauten sich um. Die Autos hielten an und die beiden gingen über die Straße. »Siehste«, sagte der kleine Tiger, »siehste! Weil ich deine Mutter bin.«
»Geht aber nicht absichtlich zu langsam, Jungs«, rief ein Autofahrer, »damit wir nicht zu lange warten müssen.«

Da hatte er Recht. Keiner soll den anderen mit Absicht ärgern.
Jeder muss sich anständig verhalten, dann ist das Leben schöner.
Weil es aber lange keine Fußgängerampel und keinen Zebrastreifen mehr gab, mussten sie bei den parkenden Autos über die Straße gehen.
»Jungs«, sagte eine gute Frau, »wenn ihr zwischen den parkenden Autos über die Straße gehen müsst, dann müsst ihr so weit zwischen den Autos nach vorn gehen, bis ihr die Fahrbahn GANZ überblicken könnt.
Dann STEHEN BLEIBEN und sich umschauen.«
»Jawohl: DER BÄR
IST NICHT DUMM
UND SCHAUT
SICH ERST
UM.«

Und sie zeigte ihnen, wie man das macht.
Vorgehen, STEHEN BLEIBEN, sich umschauen,
und wenn kein einziges Auto mehr kommt,
dann über die Straße gehen.
»Nicht plötzlich loslaufen, sondern so gehen,
dass jeder Autofahrer, der da kommen könnte,
euch sieht.«

Als es Abend war, fuhren sie mit dem Autobus bis zur Brücke. »Die Fahrscheine bitte, wer hat noch nicht bezahlt?«, rief der Schaffner. »Der Tiger bezahlt«, sagte der kleine Bär, »er ist meine Mutter.«
Bei der Brücke banden sie das Boot mit dem Seil und dem Knoten von dem Pfahl und ruderten nach Haus.

»Jetzt muss ich rudern«, sagte der kleine Tiger, »einmal du, einmal ich. Du bist der Steuermann.«
Aber weil das Boot von allein mit der Strömung schwamm, brauchte der kleine Tiger wieder nicht zu arbeiten. Immer Glück bei der Arbeit.

Zu Haus wartete die musikalische Ente auf sie. Besuch. »Wo kommt ihr denn her, Jungs?«
»Aus der Stadt«, sagte der kleine Tiger, »ich habe dem Bär gezeigt, wie er über die Straße gehen muss.«
»Oh, das möchte ich auch lernen«, rief die musikalische Ente.
»Morgen nehmen wir dich mit in die Stadt.«
Der kleine Bär kochte ein freundliches Abendessen, die musikalische Ente spielte auf der Harmonika, der kleine Tiger strich die Kochlöffelgeige, und der Bär tanzte, bis er müde war.

Und dann schliefen sie bis morgen.
In der Nacht träumte der Bär alles, was er heute gelernt hatte.
1. Wo kein Gehweg ist, immer links gehen.
2. Möglichst nur bei der Ampel über die Straße gehen und nur bei Grün für die Fußgänger.
3. SICH IMMER ERST UMSCHAUEN. Auch bei der Ampel.
4. Beim Zebrastreifen VOR DEM BORDSTEIN warten, bis alle Autos anhalten.
5. Zwischen parkenden Autos ganz nach vorn gehen, bis man die GANZE Fahrbahn sieht. Dann anhalten und warten, bis KEIN Auto mehr kommt. Dann erst gehen.
Das war sehr viel für einen Traum, und er träumte dann lieber weiter vom Angeln.
Am nächsten Morgen wusste er alles auswendig, was er in der Nacht geträumt hatte.

Just um sieben kam die Tante Gans vorbei und weckte sie.
Sie müsse auf den Gänsemarkt in der Stadt, sagte sie.
»Entenfutter verkaufen.«
Ob der kleine Bär sie mit dem Boot bis zur Brücke fahren könnte.
»Ich bin doch eure Tante ...«
»Natürlich, natürlich«, rief der kleine Bär.
»Wir wollen nämlich sowieso in die Stadt. Weil der Tiger und ich können schon richtig über die Straße gehen, aber die Ente mit der Zieharmonika kann es noch nicht. Sie muss es von uns lernen.«
Sie machten sich ein famoses Frühstück mit Honig und Brot, Himbeermilch und Grünfutter für die Ente.
Jeder darf das essen, was für ihn gesund ist.

Für Enten ist Grünfutter gesund,
für Bären Himbeermilch.

Dann gingen sie zum Boot und banden das Seil mit dem Knoten von dem Pfahl los.
»Tante Gans mit dem Gepäck setzt sich nach hinten«, sagte der kleine Tiger, »damit das Boot nicht kentert. Die musikalische Ente sitzt neben mir, denn ich bin der Kapitän.«

Als sie das Boot wieder bei der Brücke mit dem Seil mit einem Knoten an einen Pfahl gebunden hatten, kam da der Oberförster Pribamm mit seinem Landrover.

»Wollt ihr vielleicht in die Stadt, Jungs und Mädels? Na, dann steigt einmal ein.

ABER IHR MÜSST EUCH ANSCHNALLEN.«
Sie stiegen in die famose Blechkiste und schnallten sich an.
»Warum müssen wir uns denn anschnallen?«, fragte die musikalische Ente.
»Das weiß ICH, das weiß ICH«, rief der kleine Tiger.
»Weil nämlich, wenn das Auto gegen einen Stein fährt ...«
»... oder es einen Zusammenstoß gibt ...«, sagte Oberförster Pribamm ...
»... dann würden wir von dem Anprall nach vorn fliegen ...«
»... gegen die Scheibe oder gegen den Sitz ...«
»Tot oder Krankenhaus. So schlimm wäre das.«
Also schnallten sie sich an.
So fuhren sie in Richtung Stadt.

Da ging vor ihnen auf der Landstraße der Hase Rudi. Auf der FALSCHEN Seite natürlich. Und zwar auf der RECHTEN.
Hatte den Walkman am Ohr und volle Pulle Musike drauf. Dabei tanzte er auch noch herum. Mal nach rechts, mal nach links.
Oberförster Pribamm hupte. Und hupte, war schon dicht hinter Rudi. Bremste scharf. Weil Rudi nur die Musik hörte, hörte er nicht die Hupe und nicht den Motor.
Er erschrak, sprang mit einem Satz in den Graben, Pfote gebrochen, Beule am Kopf, Krankenhaus, Walkman kaputt.
Wir vergaßen zu sagen, dass Rudi etwas dumm ist. Keiner möchte so dumm sein wie Rudi.
Wer auf der Straße geht oder mit dem Fahrrad fährt, soll keinen Walkman auf den Lauschern haben, sonst hört er die Autos nicht.
Der kleine Bär sagte:

»Es gab einen Ruck, als wir bremsten, ich flog beinahe vorn über den Sitz über das Fenster durch die Luft auf die Straße. Aber ich flog NICHT, denn ich war angeschnallt. Ich bin doch nicht dumm.«

In der Stadt stiegen sie aus, und der kleine Bär zeigte ihnen jetzt, wie man über die Straße gehen muss.
»Ampel grün – wir können gehen.«
Er schaute sich um, denn DER BÄR IST NICHT DUMM UND SCHAUT SICH ERST UM.
Als alle Autos standen, gingen sie über die Straße.
»Können Sie nicht warten, Sie Rüpelaffenschweif!«, schimpfte die musikalische Ente auf einen Autofahrer.
Er wäre beinahe losgefahren.
BEI ROT.
Im Straßenverkehr darf jeder einmal schimpfen, auch eine Ente.
Autofahrer sind manchmal dumm oder unanständig.
Sie warten nicht.

»Und jetzt bei einem Zebrastreifen.
Fußgängerübergang.«
VOR DEM BORDSTEIN stehen bleiben.
Und warten.
Alle Autos stehen.
Gehen.

Und jetzt zwischen parkenden Autos.
Bis nach vorn gehen.
Schauen.
Warten, bis KEIN Auto mehr kommt.
Gehen.

Als sie abends mit dem Boot auf dem Fluss nach Hause fuhren, trug die Tante Gans das Entenfutter immer noch in dem Korb auf dem Rücken. Vergessen, es auf dem Markt zu verkaufen.

»Schenk ich dir«, sagte sie und schenkte es der musikalischen Ente. »Entenfutter kann man immer brauchen – als Vorrat für schlechte Zeiten.«

Zu Haus nahm der kleine Tiger ein warmes Fußbad. Füße wund gelaufen.
Vergessen, Schuhe anzuziehen.
»Einmal«, sagte der kleine Bär, »werde ich mir vielleicht ein Fahrrad wünschen.«
»Zwei«, rief der Tiger, »für mich auch eines.«
»Ist gut«, brummte der kleine Bär, »dann werde ich mir einmal vielleicht ZWEI Fahrräder ... ja ...«, da schlief er aber wohl schon. Und träumte.

Bilderbücher von Janosch

ISBN 978-3-407-80533-1

ISBN 978-3-407-80555-3

ISBN 978-3-407-80526-3

ISBN 978-3-407-79907-4

ISBN 978-3-407-79335-5

ISBN 978-3-407-79355-3

ISBN 978-3-407-74037-3

ISBN 978-3-407-79882-4

ISBN 978-3-407-74061-8

»Die Geschöpfe, die Janosch erfunden hat, haben alle etwas ausgesprochen Sympathisches; in ihren Schwächen und Stärken sind sie doch voll Leben und Wahrheit. Und daraus erklärt sich wohl auch der Erfolg dieses Autors.«

Südfunk Stuttgart

www.beltz.de